팔방미인 엄친딸 성하

톱 여배우의 딸로 예쁘고 수학천재지만 진정한 친구를 사귀고 싶은 외톨이. 치우, 도해와 함께 삼국지 시대로 빨려 들어가 조조 진영에 떨어져 조조를 도와줌.
능력치가 나타날 때 地(땅 지)자가 생김.
상징 동물은 봉황.

난세의 간웅 조조

처세술이 뛰어나고, 난세의 간웅이라고 할 정도로 재주가 출중하고 꾀가 많음. 조조의 자는 맹덕이다.

* 난세 : 전쟁이나 무질서한 정치 따위로 어지러워 살기 힘든 세상.
* 간웅 : 간사한 꾀가 많은 영웅.
* 자(字) : 본 이름 외에 부르는 이름. 예전에, 이름을 소중히 여겨 함부로 부르지 않았던 관습이 있어서 본 이름 대신으로 불렀다.

절세미인 초선

초선의 아름다움에 달도 부끄러워 구름 뒤로 숨을 정도의 미모를 가졌다. 황궁에 들어오자마자 동탁의 이쁨을 받았으며 후에 여포와 사랑에 빠졌으나 여포가 죽자 도해와 함께 다니게 됨.

제갈량

중국 삼한시대 촉한의 정치가 겸 전략가. 와룡선생이라 일컬어짐. 유비를 도와 오나라의 손권과 연합하여 조조의 대군을 적벽대전에서 대파하고, 221년 유비가 제위에 오르자 승상이 되었다.

노숙

천성이 베푸는 것을 좋아해 가난한 자를 돕고, 사람들과 사귀는 것을 좋아한다. 오나라 손권의 참모로 유비와의 동맹을 위해 유비군을 찾아간다.

주유

자신감이 넘치고, 음악에도 조예가 깊으며 얼굴 또한 미남이다. 오나라 손권의 전부대독으로 조조에게 항복하는 것을 반대한다.

감녕과 육손

감녕: 의협심이 강하지만 자신의 비위를 거슬리는 사람에게는 폭력을 행사하기도 한다. 오나라 손권의 장수로 적벽대전에서 큰 활약을 한다.
육손: 충성심이 강한 오나라의 장수로 오나라가 형주를 차지하는 큰 공을 세운다.

수학 천재들의 시간여행 도형·측정 편 18

수학 삼국지

천하삼분지계

글·그림 채정택·김희석

등장 인물

천방지축 수학천재 치우

국제 올림피아드를 치르기 위해 영국으로 가던 도중 비행기 추락으로 성하, 도해와 함께 삼국지 시대로 빨려들어가 유비 진영에 떨어짐. 수학을 이용하여 유비를 도와줌.
능력치가 나타날 때 人(사람 인)자가 생김.
상징 동물은 호랑이.

자아도취 꽃미남 도해

늘 1등만 하는 수학 천재에 잘생기기까지 해서 모든 이에게 부러움과 사랑을 한몸에 받는 잘난척 대마왕.
치우, 성하와 함께 삼국지 시대로 빨려들어가 악의 화신 동탁 진영으로 떨어져 신선 흉내를 냄. 동탁이 여포에게 죽임을 당한 후 여포 편이 되었다가 여포마저 죽고 초선과 함께 다니게 됨.
능력치가 나타날 때 天(하늘 천)자가 생김.
상징 동물은 용.

최강의 형님 바보 관우

무예와 힘이 뛰어나 혼자 능히 만 명을 상대할 만하다는 평을 받는 장수.

파워불도저 장비

관우가 자신과 대적할 유일한 인물이라고 평가할 정도로 뛰어난 장수.

천하제일 소심남 유비

황제의 숙부로 다소 우유부단 하지만 부족한 지성을 후덕함으로 극복함.

유비와 손권의 동맹

형주는 지리적으로 매우 중요한 위치에 있었기에, 이 지역을 차지한다면 천하의 주인이 되는데 튼튼한 기초가 될 수 있었다. 형주자사를 맡고 있던 유표는 조조와 원소가 관도에서 대치하고 있을 때 원소가 그에게

유비

손권

도움을 청하지만, 어느 쪽의 편도 들지 않고 주민들을 지키면서 자신을 지킨다. 하지만 중립을 지키던 유표가 병으로 죽고 후처인 채부인과 그의 동생 채모의 계략으로 장남 유기가 아닌 채부인의 아들 유종이 후계자가 된다. 이에 장남 유기를 후계자로 밀던 유비는 채모에게 목숨의 위협을 느껴 남장으로 달아난다. 결국 유종의 항복으로 형주는 조조군에게 넘어가고 유비는 갈곳이 없어진다. 하지만 이후 제갈공명을 얻고 형주의 작은 지방에서 군사를 재정비한다. 한편 하북을 평정한 조조는 손권에게 항복하라는 서신을 보내고, 손권은 대신들과 논의를 한다. 많은 대신들이 항복하자고 하고, 오직 주유와 노숙만이 맞서 싸우자고 한다. 조조에게 항복하고 싶지 않았던 손권은 노숙의 의견대로 유비군의 정보를 알아보기 위해 노숙을 유비 진영으로 보낸다. 유비 또한 조조의 위협 앞에 손권과의 동맹만이 살길이라는 것을 알고 있었기에, 자신을 찾아온 노숙은 구세주와 다름없었다.

유비군의 생사가 걸린 손권과의 동맹을 위해 제갈량이 조자룡을 데리고 손권이 있는 오나라로 노숙과 함께 향한다. 그리고 제갈량은 조조에게 항복을 권하는 오나라의 대신들을 뛰어난 말솜씨로 설득해 결국 손권과의 동맹을 이루어낸다.

수학 삼국지 연표와
지금까지의 줄거리
208년
– 유종의 항복
– 조조가 손권에게 항복을 권유함
– 유비와 손권의 동맹

지금까지의 줄거리

조조는 205년 원담을 멸망시키고, 206년 고간을 멸망시키고, 207년 오환·원상 연합군을 무찌르고 원상을 멸망시킴으로써 원씨 일가의 세력권이던 기주, 청주, 병주, 유주를 손에 넣고 오환의 세력을 크게 약화시켜 하남, 하북을 모두 점령한다.

승상에 오른 조조는 천하통일을 이루겠다고 다짐하며 다음 해 여름 본격적으로 남쪽을 정벌하기 시작한다. 형주자사 유표가 죽고 그 뒤를 이어 후계자가 된 유종은 조조에게 그대로 항복하고, 한수 북부를 포기한 유비는 강릉으로 향했으나 같이 따르던 피난민들의 속도가 느려 조조군의 기병에게 당양에서 따라잡혀 위기에 빠진 후 결국 한진에서 수로를 따라 하구에 주둔하는 유기에게로 피신한다. 유비는 사마휘 선생에게서 제갈공명의 이야기를 듣고, 그를 얻기 위해 세 번을 찾아가 제갈공명의 마음을 얻어 자신의 모사로 만드는데…

차례

1화 차도남 제갈량

노숙

* 군사 : 전쟁 중에, 군의 명령으로 교섭의 임무를 띠고 적군에 파견되는 사람. 휴전이나 항복을 권고하는 일 따위를 하며, 표시로 흰 기를 사용한다.

그 수는 얼마나 되느냐.
...
85만 명이옵니다.
우리 오의 군사는 10만인데.. 조조의 군사는 85만이라...
곧 오나라의 흥망이 결정나는 선택을 할 날이 오겠구나.
주군을 뵈어야겠다. 닻을 올려라.
넵!!

큐우웅

어서 오시오, 노숙 군사.
안그래도 그대가
필요했소이다.
조조에게서 친서가
왔소이다.
조조에게서
친서?
꽃미남 손권 러세
함께 유비를 치자는군.

유비의 세력은
어떠한가?
보잘 것
없습니다.

그렇다면
조조와 함께
유비를 치면
쉽게 이길 수
있겠군.

그러나 유비가
멸망하면 곧바로
조조가 우리 오나라에
쳐들어와도 함께
싸울 동맹군이
없어지게 됩니다.

… 조조가 과연
우리를 칠까?
불을 보듯
자명합니다.
조조는
그러한 사람
입니다.

나라의 운명이
걸린 일이로군.
노숙 군사의 생각은
어떠시오.
주공!
소신 노숙
주공께 청할 말이
있사옵니다.

* 권모술수 : 목적 달성을 위해서는 수단과 방법을 가리지 않고 때와 형편에 따라 둘러맞추는 모략이나 술책.

주.. 주유 대도독!
노숙 군사는 더 예뻐진 것 같아.
예뻐지다니요! 오나라의 군사에게 무슨 소리이옵니까?

주공! 노숙 군사의 의견이 정확하옵니다. 조조는 결코 같은 하늘 아래 있을 자가 아닙니다!
내가 예뻐졌다고?

우리 오나라는 선대 때부터 내려온 강력한 수군들과 용맹하고 지혜로운 백성들이 터전을 닦은 땅이옵니다.

황제를 업신여기고 천하를 가지려는 역적 조조 같은 자를 물리치십시오. 주군!

그렇다. 이대로 조조를 두려워 한다면 손견 아버님과 손책 형님을 뵐 낯이 없다.
노숙 군사.

네?
그대는 오나라 사자로서 유비를 만나고 오시오.

그대가 조조와 유비의 실정을 확인하고 올 때까진 친서에 확답을 하지 않겠다.

어서 오세요!
웅성 웅성
갓잡은 생선 이요! 한 근에 1냥!

애
인
구
함

응? 애인을
구한다구?
돈을 내고 승부를
겨뤄서 이기면 저 여자와
사귀게 해준다는군!

여자가 어떻게
생겼길래?

우와아!
미..미인이다!
아냐! 미인의
한계를 넘었다!
내가
지원하겠어!

초선

다 비켜!
내가 저
여자를
가진다!

먼저..
돈을 내시오.
애인구함

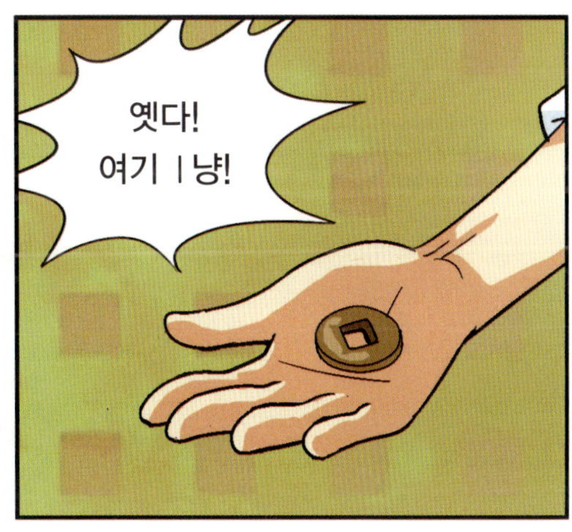

옛다!
여기 Ⅰ냥!

도해
그럼 시작할까요?

조심해 도해.
저 정도 쯤은 일도 아니에요.
오늘 장사는 여기까지 해요. 빨리 끝내고 밥 먹으러 가야지.
ㅎㅎㅎ. 꼬마야. 네 누나가 곧 내 것이 될테니 날 매형이라 부르거라.
구웅

뒤
우
웅
으랴!
타앗!
차
촤
아
아

뎅겅
뎅겅
뎅겅

뭐.. 뭐야.
보이질 않아.
어떻게 이런 일이...

별거 아냐.
정육면체 모양으로
창검술을 시험해
본 거지.

초선 누나,
식당으로
가요.
응. 너도
배고프겠다.

....
역시 장가 가기는
쉬운 일이 아니야...

와~
내가 좋아하는
두부네?

그런데 도해야.
아까 네가 말한
정육면체라는 게
뭐야?
응?

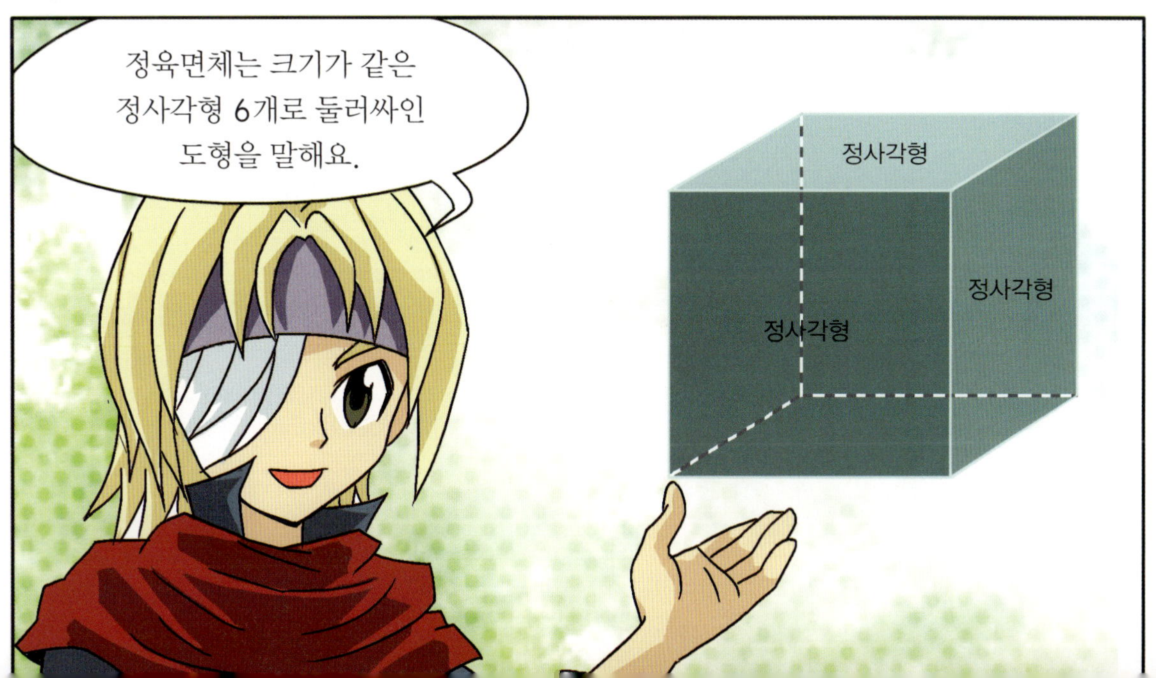

정육면체는 크기가 같은
정사각형 6개로 둘러싸인
도형을 말해요.
정사각형
정사각형
정사각형

여기 이 두부에서 각 면의 경계를
이루고 있는 선분을 모서리라고 해요.
그리고 모서리와 모서리가 만나는
점을 꼭짓점이라고 하지요.
모서리
꼭짓점
면

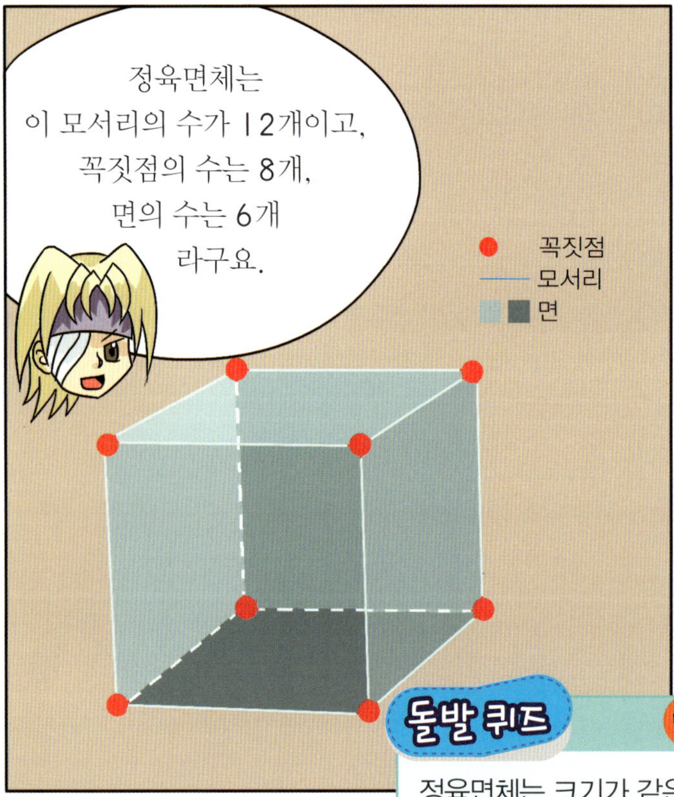

정육면체는
이 모서리의 수가 12개이고,
꼭짓점의 수는 8개,
면의 수는 6개
라구요.
꼭짓점
모서리
면

역시 도해는 대단해.
성하라는 여자애도
대단하지만 도해가 더…

돌발 퀴즈
정답은 30쪽에
정육면체는 크기가 같은 정사각형 □개로
둘러싸인 도형이다.

아.
미..미안 괜히
성하 얘기를 꺼냈구나.
장판교 전투 때,
내가 폭주하지만 않았어도
성하가 죽지 않았을 텐데..
성하만 되살릴 수
있다면 남은 눈마저
잃는다 해도 상관없어.
성하가 갑자기
뛰어들어서 너도
어쩔 수 없었잖아.
너도 조조에게
한쪽 눈을 잃었고..
돌발 퀴즈   정답은 31쪽에
정육면체는 모서리의 수가
⬚개, 꼭짓점의 수가 ⬚개,
면의 수가 ⬚개이다.

도해. 내 옆에서 날 계속 지켜줄 거지?
응.
여깁니다! 저자들이에요!
너희들이 요즘 시장에서 이상한 요술을 쓴다는 아이들이냐?
육손
감녕

수학?
처음 들어보는 말이군.
요술이 맞네.

요술이 아니오.
수학이지.

초선 누나.
이 두 명은 보통이
아니에요. 도망쳐요.

도망치려구?
호호호! 포기하셔~
오나라에서 이 감녕과
육손을 따돌릴 수
있는 자는 없으니까.

누구든지
초선 누나에게
손대면 가만두지
않겠다.

구

우

오우~ 멋져♡
애인인가 봐!

부럽네.

저런 꼬마도 애인이
있는데, 우리는 전쟁터에서
평생을 보내다니
억울해.

탁!

안그러니,
육손?

번

쩍

차르르
거기 뒤에
지나치게 예쁜
너도 맘에
안들어!
멈춰라!!

십만의 군사를 지휘하는 장수들이 이런 곳에서 무얼하고 있는가?
히익! 주..주유님! 아니 대도독!

저 아이들이 시장에서 수학이라는 요술로 행패를 부리길래...
수학?

수학이라면 조조군이 사용해서 큰 성과를 거두는 학문이 아닌가!

네가 정말 수학을 아느냐?

* 마이동풍 : 남의 말을 귀담아 듣지 않고 흘러 버리는 것을 말함.

노숙 군사.
유비 진영에 있는
인물들을 어떻게
생각하시오?

비록 유비는 백성들의
존경을 받는 위인이긴 하나,
10년 넘게 터전을 잡지 못하고
여기저기 더부살이를 하는
빈약한 주군입니다.

그래요? 하지만
유비에게는 관우, 장비, 조자룡
같은 범같은 장수들이
있지 않소?

용맹하긴 하나,
미련한 자들이옵니다.
그 정도의 장수는
우리 오나라에도
넘치옵니다.

핫하하!
군사께선 유비를
너무 가볍게 보는 것
같소이다!

그렇다면
제갈량은 어떤가요?
...

학식과 재주는
있어 보이나,
글만 읽던 선비라
주유 공과는 비교가
되질 않습니다.

나와 비교가
되질 않는다... 후후
고맙소 군사.
하지만 조심해서
나쁠 건 없지.
노숙 군사! 아까 본
아이들과 유비 진영에
함께 사자로
가주시오.
그들이 도움이
될 것이오.

예엣?!

강하. 유비의 진영
허둥
고..공명 선생은 어디 계시냐?!
휘청
콰당
유비
쯧쯧.
일국의 주군이라는 분이
제갈공명 꼬리만 졸졸
따라다니는 꼴이라니!
장비
관우

형님!
평생을 함께
싸워오며 살았던
우리들은 눈에
보이지 않수?!
이 철없는 것아!
지금 조조의 백만대군이
몰려오고 있단 말이다!

그거라면
문제없소!
왜?
전지전능하신
제갈 선생께 막으라고 하면
되잖소. 킁!

이녀석아.
지금 농담할 때가
아니다!
어서
공명 선생을
찾거라!

주군께서
오셨습니다.
제갈량 나으리.
어서
뫼시어라.

공명 선생! 큰일이오. 조조가 백만대군을 이끌고 이쪽으로 오고 있다오!
전령을 통해 들었습니다.

흥! 그깟 조조의 백만대군! 관우 형님과 내가 단박에 깨뜨려 줄 수 있소!
이놈아! 또!
장판교에서처럼 말이오! 안그렇소, 제갈 선생?
후후. 두 분이라면 능히 그러고도 남으시겠지요.
형님 들었죠?

하지만 두 분이서 싸움은 이기되 이 넓은 형주 땅을 지킬 순 없겠죠.
…
우리에게 필요한 것은 승리가 아니라 넓고 비옥한 땅입니다.

그럼. 어찌하면 좋겠소?

조조의 계책은
우리와 오나라를
동시에 정복하긴
힘들기에,
먼저
오나라와 손을 잡고
우리를 함께 공격
하려는 것입니다.
히익! 그러면
더 큰일이 아니오!
조조와 손권의
군대를 우리가
어떻게 당해
내겠소?
침착하십시오.
주공.
신께 계책이
있사옵니다.

조조의 세력은 실로 강대하기 때문에 손권과 싸움을 하게끔 만들어 남과 북이 전쟁을 벌이면 그틈을 타 우리가 비옥한 형주 땅을 취할 수 있을 것입니다.
그. 그게 정말이오? 우와~ 대박!
형님! 체통 좀 지키세유!
군사께선 너무 허황된 말을 하시는 것 같소. 손권이 무엇때문에 조조와 전쟁을 벌이겠소?

캉
캉!!

?
치우야.
뭘 만들고
있니?
조자룡
아! 성벽에
쌓을 직육면체를
만들고 있어요.

직육
면체?
직육면체라면
직사각형 6개로 둘러싸인
도형을 말하는 거지?
네. 입체도형
중에서 가장
안정적인 모양을
갖고 있죠.

방안 구조
책
벽돌
우리 실생
활에서도 직
육면체는 많이
찾아볼 수 있어요. 주로
잘 움직이지 않거나, 무너
지지 않는 곳에 쓰이는
입체도형이에요.

수학도 좋지만, 지금은 우리에게 중요한 명령이 내려졌다.
너와 나 단둘이서 공명 선생을 오나라까지 호위하라는구나.
예? 오나라까지?
적진 한복판에?
쿠
쿵

개념 체크

직육면체와 정육면체 - 면, 모서리, 꼭짓점

퀴즈 1 직육면체의 각 부분의 이름을 □ 안에 알맞게 써넣어봐,

퀴즈 2 정육면체는 정사각형 모양의 면 몇 개로 둘러싸인 걸까?

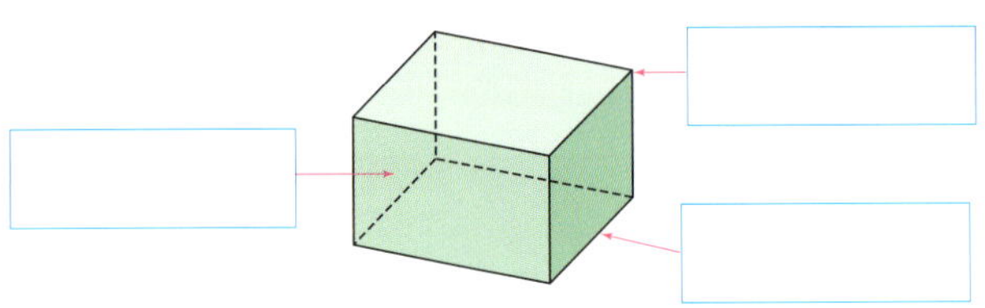

(   )

퀴즈 3 직육면체 모양이 아닌 물건에 ✕표 해봐,

(   )   (   )   (   )

퀴즈 4

정육면체 모양의 두부야. 보이는 꼭짓점에 모두 점을 찍어 봐.

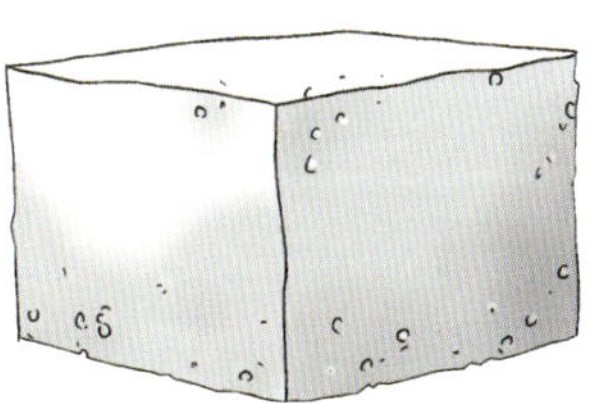

퀴즈 5

정육면체를 보고 면, 모서리, 꼭짓점의 수를 각각 세어 표의 빈칸에 써넣어 봐.

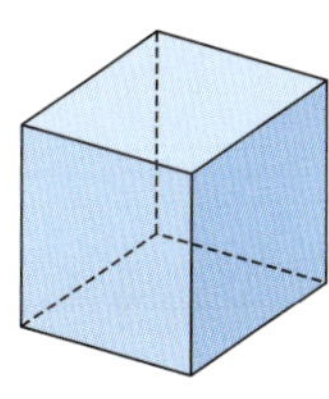

정육면체	면	모서리	꼭짓점
수			

퀴즈 6

◯ 안에 옳은 것은 ◯표, <u>틀린</u> 것은 ✕표 해 봐.

(1) 직육면체의 면은 모두 정사각형입니다. ◯

(2) 직육면체와 정육면체의 면, 모서리, 꼭짓점의 수는 각각 같습니다. ◯

2화
주유와 공명이 힘을 모으다

저 자가 제갈공명!
앞으로 우리 오나라에
가장 큰 위협이 될 자!

경계를 풀면
안돼...

어서 오세요.
노숙 군사님!

잘생겼잖아!
주.. 주유 도독님
만큼... 아니, 더
잘생겼어...

나??

노숙 군사님! 이곳까지 와주시다니! 정말 몸둘바를 모르겠습니다!
여봐라! 어서 군사님을 극진하게 모시거라!

오나라 노숙 군사님이 좋으신 분이라는 건 예전부터 소문을 들어서 잘 알고 있습니다!

우리를 도와주러 오신거죠? 이 유비는 오나라가 정의의 편이라는 걸 굳게 믿고 있답니다.
그… 글쎄요.

체통도 없이 저게 뭐하는 짓이람! 조조 따위가 그렇게 겁난다는 건가?

저자들이 조조의 대군을 쑥대밭으로 만들었다는 관우와 장비로군. 소문보다 더 강해 보이네!
이크
흠

주군.
잠깐
귀좀…
지금부터가 중요합니다.
이번 자리에서의 회의가 우리의
흥망을 결정하오니 주군께서는
무조건 모른다고
대답하십시오.
…
알겠소.
형님!
들어갑시다!
아니오. 두 분께서는
밖에 계시고, 주군과 나만
들어갈 것이오.

뭣?!! 우리를 빼놓는다구?

야! 공명!
장비는 국가지대사에 사사로운 의리를 내세우지 말라! 군사의 명이다!

이... 기집애 같은게!!
차..참아 자..장비!

생각보다 유비의 군세는 허술하지 않았다. 병영을 지나치면서 본 유비군의 훈련과 사기는 우리 군이나 조조에 뒤지지 않았어!
게다가, 처음 보는 진형을 병사들이 연습하고 있는 것이 필시 공명의 전술!!

늦었습니다! 군사!
죄송합니다. 회의를
시작할까요?

귀공께선
조조가
한 왕실을
위해서 일한다고
생각하십니까?

…
글쎄요.

그렇다면, 조조가
가진 실제 병력은
얼마나 되는지 알고
있나요?

…
글...쎄요.

그럼.
조조의 장수 가운데
가장 두려운 장수는
누구인가요?
글...쎄요.

유현덕께서는 줄곧 조조와 싸워 오셨는데 아무것도 모르신 건가요?
흑...
그.. 그야... 조조가 온다는 말만 들으면 도망치기 바빠서요...

유비. 이 사람은 바보인가, 바보인 척 하는 건가?!

노숙 군사. 군사께서는 오나라가 곧 망할 것이라는 것을 알고 계신가요?
뭐라구요? 오나라가 곧 망한다 구요?
덜컥

인망이 높으신 우리 주군께서 오나라를 돕지 않으면 조조의 백만대군을 물리칠 수 있겠습니까?
아니면,
설마 역적 조조의 농간에 놀아나 함께 손잡으려 하시나요?
지금, 우리를 협박하고 있는 것이오?
그렇다면, 오나라는 조조의 백만대군을 이겨낼 수 있다는 것이로군요?
그렇소! 오나라를 얕보지 마시오!
회담은 끝났소! 돌아가겠소이다!
자..잠깐만! 노숙 군사! 고정하...
그렇군요. 이거 실례했습니다. 오나라의 힘을 과소 평가한 것 같소.

우리를 쓰러뜨리면
조조는 더욱 막강해진
힘으로 홀가분하게
오나라를 공략하기
시작할텐데 그마저도
막을 자신이 있다는
것이겠죠?

멈칫

스
옥

깜짝

저기 보급품들을 담는 상자는 직육면체의 성질을 이용해서 만든 거예요.

직육면체의 성질? 그게 뭐야??

직육면체는 마주보는 면이 평행하기 때문에 여러 개를 쌓아도 쓰러지지 않죠.

평행

평행

돌발 퀴즈

정답은 61쪽에

직육면체는 마주보는 면끼리 서로 [   ]이다.

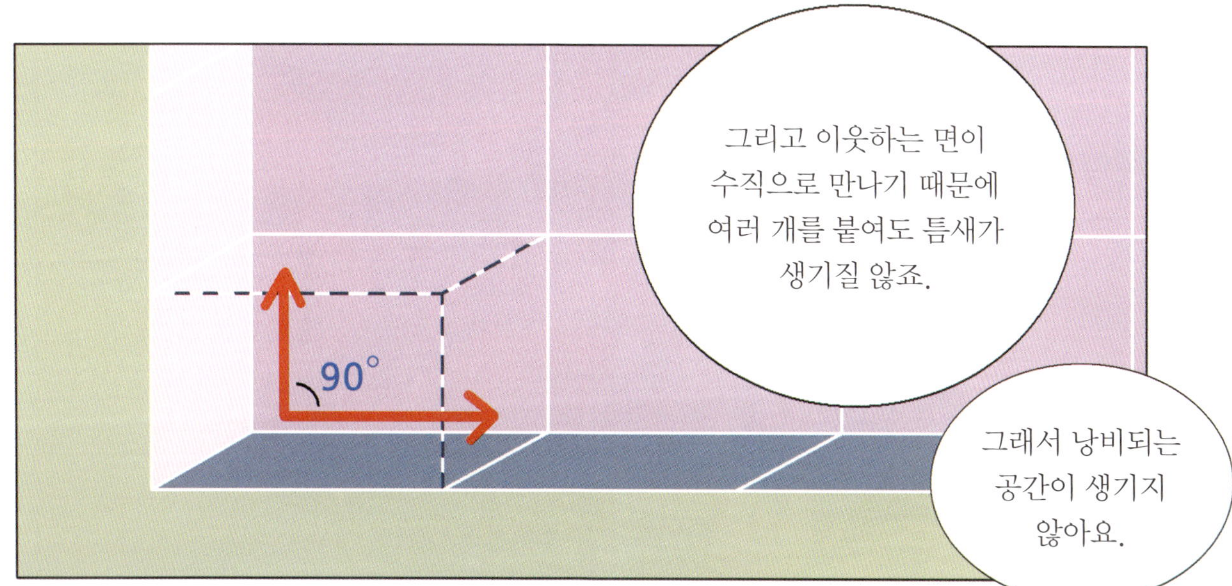
90°
그리고 이웃하는 면이
수직으로 만나기 때문에
여러 개를 붙여도 틈새가
생기질 않죠.
그래서 낭비되는
공간이 생기지
않아요.
대형컨테이너 선에 
실려있는 컨테이너들이
직육면체인 이유가 바로
그것이죠.

대형컨테이너 선?
난 가끔 도해가 말하는 걸
이해못하겠어.
내가 무식한 거지?

돌발 퀴즈　👆　정답은 63쪽에

직육면체는 이웃하는 면끼리 서로 □□으로 만난다.

초선, 만약 내가 죽거든, 이 방천화극을 도해에게 주시오! 이 창에 나의 힘이 깃들어 도해를 통해 나의 힘이 되살아날 것이오.

여포님의 힘이 방천화극에?!

응. 도해의 무술 실력이 늘수록 방천화극의 여포님 힘도 더욱 되살아날 거야. 더구나 도해도 이젠 어엿한 청년이잖아.

처..청년. 하긴 벌써 이 시대에 있은 지도 3년이 넘었지... 치우는 어떻게 변해 있을까.

58쪽 정답 평행

오나라의 수군은
소문대로 굉장하군.
저렇게 훌륭한 군선은
처음 봐요!
장강을 터전으로
살아온 오나라의 기술이니,
뛰어날 수 밖에!
조자룡

공명~
안가면 안되오?
~허엉~

공명 없인
난 못살아 ㅠ.ㅠ

그럼,
다녀오겠습니다.

...

주..주공...

형님! 고작 오나라를 잠깐
다녀오는 거유! 전투하러
가는 것도 아니거든?

장비야.

예?

공명은 지금
자기 목숨을 걸고
오나라에 가서 협상을
하려는 것이다.

조자룡!
네!
주공!

협상이 결렬되면 공명은
살아 돌아오기 힘들단다.
네.
너는 공명이
가장 신뢰하는 장수이다.
공명을 무사히 내게
데려오라!

가자 치우!
넷!!

차아아

괜찮아 치우?
머... 멀미가...
울렁
울렁

공명 군사께서는 괜찮으시가?

비틀

괜...
괜찮아...
괜찮으십니까
군사?!

제가 부축을..

내 몸에
손대지마!
군...군사!
...
...

배멀미로 인해
병세가 더 악화되었어.
몸이 더 버텨주어야
하는데...

주유님!
공명이라는 자는
소문보다 뛰어난 자이
옵니다. 그의 계략을
조심해야 할
것입니다.

주공!
아니되옵니다!
…

현실적으로
백만대군을 이기는 것은
불가능하옵니다!
주공!
수많은 오나라의
병사들이 목숨을
잃게 됩니다! 무모한
싸움은 피해야
합니다!
현명하게
대처하여 주십시오!
할아버지들이
난리가 나셨군.
백만대군이
그렇게 무서운가?
홋!

하지만 지휘관이
조조이니...
...
무섭긴 하지.

어제 조조의 최후통첩이 왔었소.
당장 함께 유비를 치지 않으면 즉시 오나라로 진격한다는 내용이었소.

수근
수근
술렁

주공, 조조의 군대는 백만, 우리의 군대는 십만이옵니다. 지금은 항복하는 것이...

거 듣자듣자 하니 너무들 하시네요!
아무리 상대가 안되는 형세라 해도 항복하자는 말이 이리도 쉽게 나옵니까!

주공! 한말씀 드리겠습니다! 조조의 군대가 백만이라고는 하나, 모두 육지에서 싸우는 육군이옵니다!
우리는 단련된 수군으로 구성되어 있으니, 물 위에서 싸운다면 승산이 없는 것은 아닙니다!
닥쳐라! 감녕! 해적 출신이 뭘 안다고 끼어드는 것이냐!

뭣이라고? 이 겁쟁이들아!
참아 감녕! 여긴 궁이잖아!

모두 진정하세요!
주유 대도독!

주유! 이 싸움은 승산이 없지 않소?
그렇습니다. 승산이 거의 없지요.

하지만 항복은 안되잖아요! 주유님!
하하! 그말도 맞아요.

주공, 노숙 군사의 편지를 보니, 유비의 군사 제갈량이
우리와 협상을 하러 오고 있다고 합니다.

조조군을 *패퇴시켰던 제갈량이 온다구?

* 패퇴 : 싸움에 지고 물러감.

제갈량의 의견을 듣고 결정해도 늦지 않다 이거군.

그렇습니다. 항복은 그 뒤에 해도 늦지 않지요.

그대 말이 옳다! 내일 제갈량과의 회담 뒤에 결정하겠으니
그리 알라.

주유,
제갈량이란 자는
어떠한가?
노숙 군사의 말을
빌자면 깊이를
알 수 없는 자라고
합니다.

노숙이 그럴 정도라면
정말 뛰어난 자겠군.
빈말 안하는
노숙이 그리
말했다면..

주유, 그대는
나와 어릴적부터
함께 장난치던
죽마고우지.
그렇습니다.

제갈량이 아무리
뛰어난 자라 해도
나에게는
주유 자네가
세상 최고의
책략가일세.
제갈량에게
지지말게나.

…
알겠습니다.

다음 날
저 자가 그 제갈량?
흥! 너무 약하게 생겼는걸?
수근
수근
공명 군사, 조심하십시오. 공기가 심상치 않습니다.
끄덕

쿠―웅

웬 놈들이냐!

우리는 오나라의 중신들이오. 오늘 공명 그대에게 묻고 싶은 것이 있소이다!

…

물어보시오.

* 삼고초려 : 오두막을 세 번 찾아간다. 즉 유비가 제갈량의 오두막을 세 번 찾아가 제갈량을 맞아드린 일.

* 인의 : 어짊과 의로움.

조조의 군사가 그 수가 닳다고 하나, 원소를 멸망시키고 받아들인 군사들과 형주의 유표를 쓰러뜨리고 얻은 병사들을 합친 군사이외다. 소위 오합지졸이라 할 수 있소!

급조된 병사는 기세가 꺾이면 스스로 무너지는 법이오!

천하를 모두 제압한다 한들 조조는 간신이지 않는가! 그대들은 그러고도 한나라의 신하들이오?
만약 그대들이 조조만큼 강대해지면 손권 주군을 업신여길 것인가?

……
조용

할 말이 없군
슬금 슬금

오나라의 중신들이 꼼짝을 못하는구만.
저자를 그냥 두면 오나라가 위험해.

공명 선생!
미안하지만
사라져 줘야겠어!
파 아 앗
!!

차
장
감히 우리 군사에게
손을 대?

3화
군계일학

호호! 유비군에 장비와
관우말고도 쓸만한 장수가
또 있었네?

착!

넌 누구지?

나는
상산 땅의
조자룡이다!

용의 새끼였군!
오홋호호!
어쩐지 세더라!
너의 그 여자같은
샌님 군사를 잘 모시렴.
계속 우리 오나라에
있는 한 목숨을
부지하기 힘들테니!
알겠니?
피
유
챙!
파악
쪼록
…

그럼 또 보자구! 호홋호!
파앗

오나라에도 무서운 장수들이 숨어 있었군.
그렇네요.

주공, 제갈공명이 뵙기를 청합니다.
하하하
어서오시오. 공명! 소문은 벌써 들었소!

우리 중신들을
말로써 혼쭐을
내주었다고?
그것 참
대단하구려!

작은 재주일 뿐입니다.
손권 공께 인사드립니다.

주유 도독을
들라 하라.

주공! 주유
부름받고
입궐했습
니다.

현재 천하의 형세는 위로는 조조, 아래로는 오나라와 우리 유비 주공이 버티고 있는 형국이옵니다. 솥의 다리가 3개인 것과 마찬가지이지요.

* 천하삼분지계(天下三分之計) : 제갈공명이 유비에게 내놓은 계획으로 북쪽의 조조와 강동의 손권이 위용을 떨칠 때 유비가 형주와 익주를 손에 넣고 조조와 손권의 힘의 균형을 맞추게 하자는 계략.

공명의 말대로 조조와 우리 오나라가 전면전을 붙으면 유비군은 그야말로 앉아서 이득을 보는 셈이 됩니다.
양쪽 다 많은 군사를 잃어 힘들어 할 때 유비군은 편하게 세력을 키울수 있겠지요.

즉, 이 동맹은 유비군을 위한 계략인 것이죠.
안 그렇소 공명?

!!
주유! 역시 뛰어난 자!

그렇다면 동맹을 하지 말아야겠군!
…
그러나

조조와 우리 오나라는 언젠가는 결판을 내야 할 상대입니다.
같은 하늘 아래 함께 할 수 없는 사이이지요. 끝까지 조조는 우리를 멸망시키려 할 겁니다.

공명의 뜻대로 되는 것은 바람직하지 않으나, 우리가 조조에게 항복한다는 것은 말도 안되는 비겁한 일이고!
우리 오나라는 굳센 의지와 강인한 단결력이 있는 한 그 누구에게도 지지 않을 것입니다!

주유의 말이 옳도다!
항복을 한다면 아버님과 형님을 볼 면목이 없지!

공명은 들으라! 지금부터 오나라는 유비군과 동맹을 한다!

둘은 조조군을 물리칠 방편이 있는가?
양국의 총 지휘관으로서 답하라!

조조군을 깨뜨릴 비책이 있습니다!

그래? 그 비책이 뭔가! 한 명씩 말해 보아라!

아마, 우린 같은 비책을 갖고 있는 것 같은데...

그럼 서로 손바닥에 적어 볼까요?

…

자!
이제 내게
보여다오!

도해야!
도해야!

배고프지?
내가 만두를
만들었어.

끄응

도해! 아직도
네모 상자와 씨름하고
있는 거야?

응. 함선에 실을
보급상자를 설계하고
있는데, 우선
직육면체의
겨냥도와 전개도를
그려야 하거든요.

겨냥도?
전개도?
점점 알 수 없는
말만 하는구나.

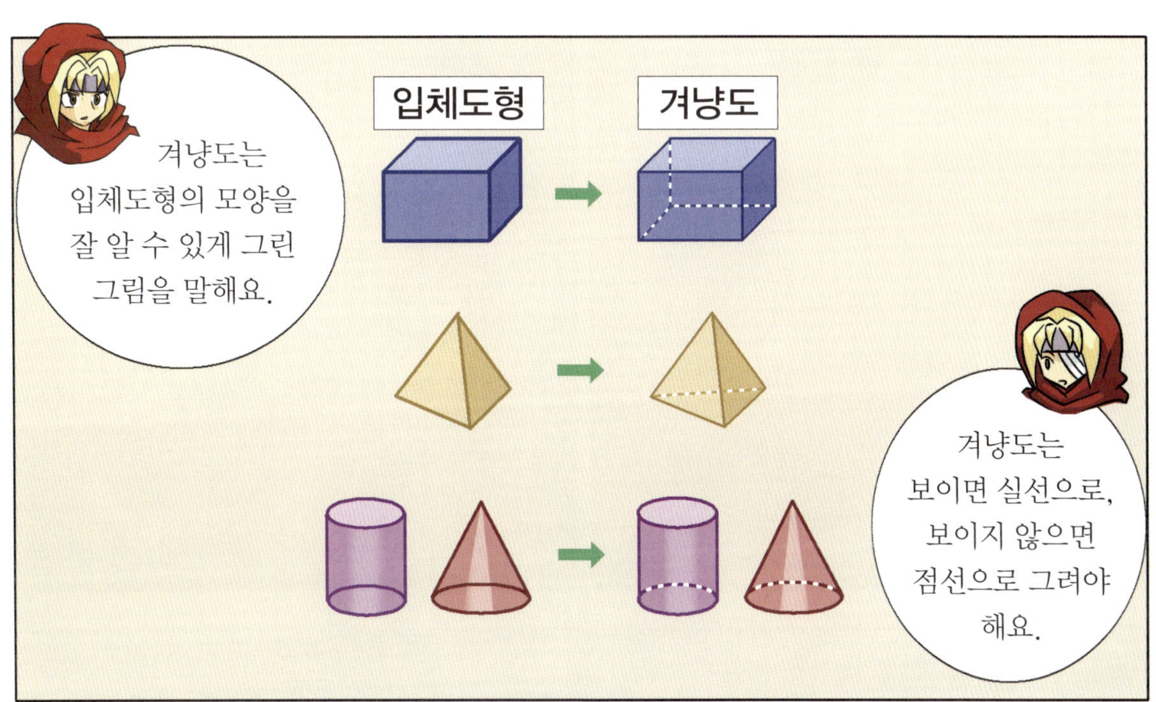

* 같은 색인 면끼리 평행이고, 서로 마주본다.

좋아! 그럼 내가 겨냥도를 이용해서 작품을 만들어 볼게!
??

짠─!
다 됐어! 어때?
멋지지?

이…이게 뭔가요?
도해를 겨냥도로 그려 본거야. 호호! 똑같지?
투
둥─

로…로봇 같은데?
'로봇'이 뭐야?

그건 그렇고 주유님이 우릴 찾으신대.
유비군의 공명이라는 사람과 만났다던데?

유비군의 제갈공명이라면 어쩌면 치우도 함께 있을지도 몰라!

부르셨나요? 주유님.
오! 도해! 이리 와서 공명 군사께 인사하렴.

인사드립니다.
도해라고 합니...
치우!!
도해?!

치우!
여기서...
이..이렇게
만나다니...

쉬
욱
앗

카
앙
네가 성하를
죽게 만들었어!
아..아니야!
내 말 좀 들어 봐!
쉬
익

퍼벗
스파
콰
스파
아
아

아니! 저것은 여포의 방천화극!
어떻게 도해가 저것을?!

도해! 우선 자리를 피해!
자..잠깐!

여포의 무기를 저 아이가... 무언가 비밀이 있어!

도해가 엄청 강해졌어! 그동안 무슨 일이?!

소란이 있었습니다. 사과드립니다. 군사!
아닙니다. 그럼 작전 회의를 시작할까요?

공명군사.
어떻습니까!
우리 수군의 상태는?
질서가
정연하고 훈련이
잘된 그야말로
천하제일의
수군이로군요!

조조는 자신의
힘만 믿고 우리와 물에서
싸운다면 큰 코
다칠 것이오.
물을 우습게
보는 군사들은
지금까지 모두
물고기 밥이
되었소.

노숙 군사께선
왜 안오시는
거지?
노숙 군사님은
주공께서 상의할
일이 있으시다고
입궐하셨습니다!

군사께서 주공과?
무슨 일인가?
별일 아닌 일
일겁니다.
금방 오실
것이오.

응?
공이 그것을
어찌 아시오?
…

손권 주공께서 노숙 군사에게 우리의 동맹에 대해 걱정하고 의논하시는 것입니다.
군주로서 당연히 고민되는 일이지요. 노숙 군사께서 잘 처리하실 겁니다.

하하핫! 공명 군사!
그대는 나와 주공의 사이를 모르셔서 그런 말을 하시는 군요!
주공은 나의 결정에 대해서는 절대 의심이 없소이다!

그렇다면 실례했습니다. 제 말이 무례하게 들렸겠군요.
아니오! 괜찮소!
…

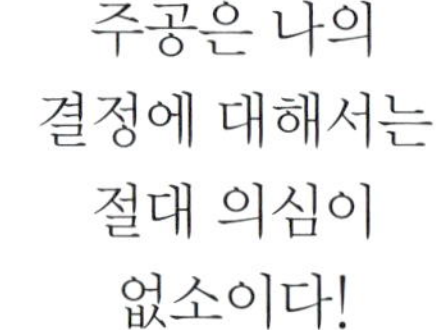

음. 도해의 설계대로 만들었더니 튼튼하고 훨씬 많이 실을 수 있군. 수학의 힘이란 대단하군.

도독,
늦어서 죄송합니다.
주공과 상의를 하고
왔어요.
노숙 군사!
그래, 어떤 일로 상의한
것입니까?
손권 주공께서 동맹을
걱정하셨어요. 도독께서
안심을 시켜주셔야겠어요.

손권 주공께서
걱정을?!
...
공명의
말대로였어!
나보다 주공의
생각을 더
정확하게 짚고
있었다니...

음
...
...
왜 그러십니까?

공명을 없애야겠어요.
그는 무서운 자예요.

공명을 죽인다고요?
네. 언젠가는 그런 뛰어난 자가 우리의 적이 될 경우 오나라의 피해가 커집니다.
그것도 유비군의 총사령관이에요!
노숙 군사께서는 공명에게 이렇게 전하시오.
…
수근
수근
공명이 그 제안을 받아들이면 목숨을 부지하기 힘들겠군요.
네? 노숙 군사가 1주일 안에 화살 10만 개를 만들어 오라고 했다구요?
그건 말도 안돼요!
…

조자룡은 노숙 군사에게 전하라. 전시 상황인만큼 화살 10만 개를
사흘 안에 전달하겠다고.

군사님! 군영에선 허위로 약속을 하면 목을 내놓아야 합니다!
말도 안돼!
엑?! 사흘이요?

나도 알고 있으니 그렇게 전하라.
사흘?!
제갈공명이 죽으려고 작심을 했군!
노숙 군사님! 화살 10만 개를 만들려면 석달은 걸리지 않나요?
유비군에서는 다섯 달로도 모자라지요.

공명.
이렇게 죽기는
아까운 사람인데...
주유님의 계략에
빠져버렸어.

다음 날

공명 군사께서 약속을
잃어 버리신건가?
어떡하죠? 저렇게
하루종일 앉아만
계시니...
나도 군사의 속을
모르겠구나.

그 다음 날

공명 군사를 데리고
도..도망칠까요?
내일이 약속한
날인데...
주유,
이 간교한 녀석!
동맹을 미끼로
이런 함정을
파다니!

약속한 사흘째

음냐~
나는 수학왕...
니이이잉?
쿨
치우! 일어나.
출전이다!
옛?!
이 시간에?

꿀떡!
이 시간에 화살을
가지러 간다구요?
응.
공명 군사께서
그렇게 말했어.

싸아아앗
군사님.
그런데 어디로
가는 건가요?
조조 진영으로
가고 있다.
조조 진영이라
구요?!!

이럴수가!
정말이잖아!

약속한 화살 10만 개에 3만 개를 더 추가했습니다.
이제 동맹의 조건은 만족된 것이겠죠?
안개가 심한 날을 미리 조사해서 어둠을 틈타 화살을 쏘게 만들었구나!

정말 꾀가 대단한 자로군요.
꾀는 누구나 낼 수 있으나 실제로 현장에서 실행하기란 어려운 법이다. 치밀하게 준비했을 거야!

우와! 대단해요. 공명군사님! 그래서 3일 내내 바다 날씨만 보고 계셨구나!

휴우— 이제 겨우 동맹을 결성했구나.

어서 유비 주공께 알려야...
휘청
앗?! 군사님!

공명 선생
공명 선생!

선생님!
유비라는 사람이 찾아...
쉿!
조용히 해!

저분이 바로
그 유황숙이시구나!

공명인지 맹꽁인지
이 버릇없는 놈 나오라 그래!
형님! 제가 끌고 올까요?

너 먼저 돌아가려무나.
이렇게 평화로운 곳은
처음이다. 굳이 공명 선생이
아니더라도 이곳에서
꽃향기를 느끼고 있는 것
만으로 충분하니까.

유황숙님...

자면서도 주공을 찾는 저 충성!
정말 대단한 우리 군사님!!

둥

항복할 기회를 주었더니,
오히려 유비와 동맹을
맺고 나를 공격하겠다구?
손권,
그대 실수한 거야!
슈우우
가라!
나의 백만대군이여!
오나라를 쓸어 버려라!
와아아아

둥
둥
둥
둥
조조의 함정이 몰려옵니다!
올 것이 왔군! 전군! 전투 준비!
19권에 계속...

감녕과 주유의 활약으로 조조는 점점 밀리고, 형주 유표의 밑에서 수군을 담당했던 채모를 불러 패배 원인을 묻는다. 이에 채모는 수군 훈련을 권하고 조조는 그 말에 따른다. 한편 제갈량과 조자룡, 치우는 마을을 둘러보던 중 손상향 일행을 만나고 손상향은 주유에게 제갈공명을 조심하라고 충고한다. 형주에서 주유의 초대를 받은 유비는 제갈공명을 만날 생각에 들뜨지만, 관우와 장비는 의도가 수상하다고 말린다. 그러나 유비는 관우를 데리고 오나라로 향하고 유비가 오나라에 왔다는 소식을 듣자마자 유비를 죽이려는 함정임을 깨닫는다.

관우의 기지로 다행이 유비는 위기를 넘기고 제갈량은 형주로 돌아가는 유비에게 쪽지를 건네는데…

제갈량과 주유

역사상 가장 뛰어난 책사로 평가받는 유비군의 제갈량과 손권군의 명장 주유는 적벽대전을 통해 많은 사람들에게 당대의 라이벌로 불리우고 있다.

주유는 190년 손견이 동탁을 치고자 군대를 일으켜서 왔을 때 손견의 아들 손책과 절친이 된다. 손견이 죽은 후 원술은 주유의 삼촌인 주상을 단양 태수로 임명했고 이때 주유도 따라갔지만, 원술 휘하에 있던 손책이 강동을 치러 가면서 편지를 보내 주유를 불렀고, 주유는 병사를 이끌고 손책을 도왔다. 이후 원술이 주유를 장군으로 임명하려 했으나 주유는 원술의 됨됨이를 낮게 보고 원술에게서 벗어나고자 거소장이라는 낮은 직책을 자청했다. 거소장 시절에 노숙을 만나 오나라로 와 손책의 건위중랑장이 된다. 200년 손책이 죽으면서 남동생인 손권이 그 뒤를 잇게 되고, 주유는 손권을 도와 온갖 일을 관장하게 된다.

제갈량

제갈량의 가문은 원래 명문이나 선조가 황제의 노여움을 사 서민으로 신분이 내려갔다. 어렸을 때 부모를 여의고 제갈량을 돌봐주던 숙부마저 세상을 뜨자 시골 초막집에서 낮에는 농사를 짓고, 밤에는 책을 읽으며 생활했다. 이후 서서의 추천으로 유비에게 삼고초려의 정중한 대우를 받고 유비의 모사가 된다. 유표의 후계자 유종이 조조에게 항복하자 오갈 곳 없는 신세가 된 유비에게 제갈량은 손권과의 동맹을 제의한다. 유비와 손권이 동맹을 맺어 치른 적벽대전 이후 주유는 유비군과 함께 강릉전투에 참가하여 1년 여에 걸친 전투 끝에 강릉을 점령한다. 강동으로 돌아온 주유는 다시 군대를 정비하여 서천 정벌을 준비하지만, 안타깝게도 병사하고 만다.

제갈량은 적벽대전에서 조조가 패하자, 유비와 함께 여릉, 계양, 장사를 점령하여 세력을 키워나간다. 이 때 익주의 유장이 장로의 침공을 막기 위해 유비를 초청하자, 유비는 이에 응해 가맹관에서 싸운 뒤 형주에서 온 제갈량의 군사와 함께 익주를 손에 넣었다. 익주와 형주를 차지한 유비는 스스로 황제라고 칭했고, 제갈량은 승상이 된다. 손권과의 전쟁에서 패배한 유비가 영안에서 숨을 거둔 후 유비의 아들 유선이 황제에 올랐고, 제갈량은 여러 관직을 겸임하며 내실을 다지고 후환을 없애며 유선을 돕는다. 그 후 네 차례에 걸쳐 위나를 공격하지만 사마의를 비롯한 적의 방어를 깨뜨리지 못하고 234년 병사한다. 이처럼 주유와 제갈량은 각자의 황제를 위해 동맹 관계가 되기도 하고, 적이 되기도 하며 서로의 지략을 마음껏 펼쳤다.

주유

직육면체의 겨냥도와 전개도

퀴즈 1 ▶ 직육면체 모양을 다음과 같이 그린 것을 무엇이라고 하는지 보기에서 찾아 써넣어 봐.

┌ 보기 ─────
　겨냥도
　전개도
└──────

퀴즈 2 ▶ 직육면체의 겨냥도를 보고 보이는 모서리는 무엇으로 그렸는지 알맞은 말에 ◯표 해.

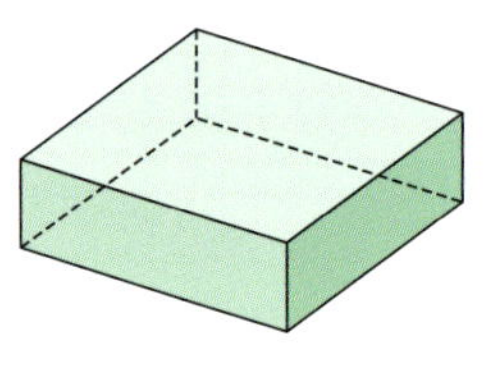

(실선 , 점선)

퀴즈 3 ▶ 직육면체의 겨냥도를 그릴 때 보이지 않는 모서리는 무엇으로 그려야 하는지 바르게 설명한 사람 말에 ◯표 해 봐.

(　　　　)　　　　(　　　　)

퀴즈 4

다음 그림과 같이 직육면체의 모서리를 잘라서 펼쳐 놓은 그림을 무엇이라고 하는지 써 봐.

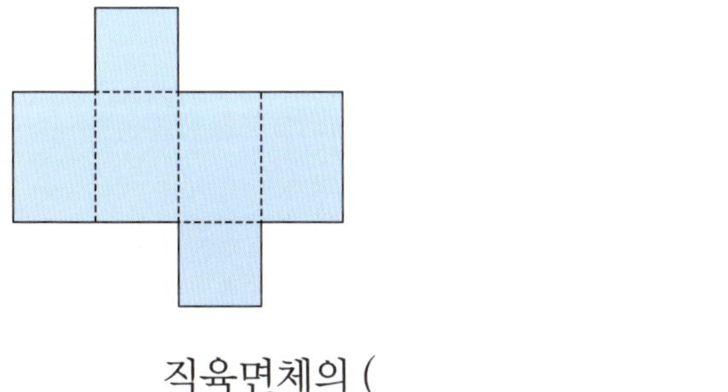

직육면체의 (   )

퀴즈 5

직육면체의 전개도에서 모양과 크기가 같은 직사각형은 모두 몇 쌍인지 찾아봐.

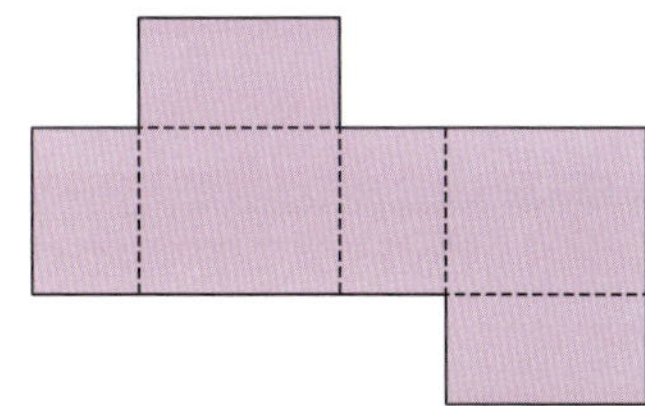

(   )

퀴즈 6

직육면체의 전개도를 접었을 때 면 ①과 평행한 면은 몇 번인지 찾아봐.

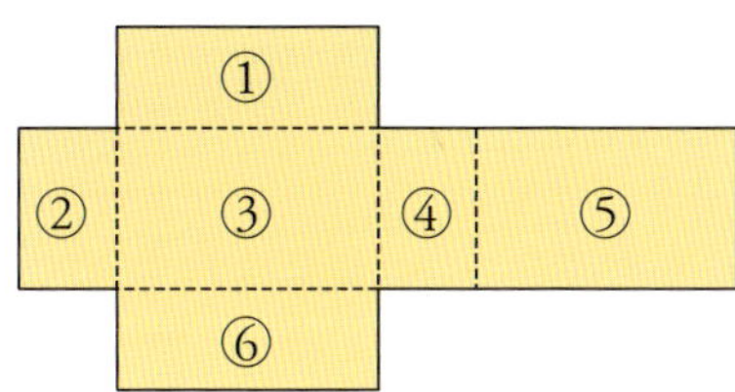

(   )

개념 스토리 1 — 직육면체와 정육면체 — 면, 모서리, 꼭짓점

정육면체 : 정사각형 모양의 면 6개로 둘러싸인 도형

직육면체 : 직사각형 모양의 면 6개로 둘러싸인 도형

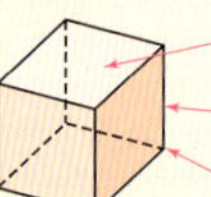

면 : 선분으로 둘러싸인 부분(6개)

모서리 : 면과 면이 만나는 선분(12개)

꼭짓점 : 모서리와 모서리가 만나는 점(8개)

1

면 (　　　　　　), 모서리 (　　　　　　), 꼭짓점 (　　　　　　)

2 

직육면체 모양의 물건을 분류한 것을 보고 알맞은 말에 ◯표 해 봐!

가

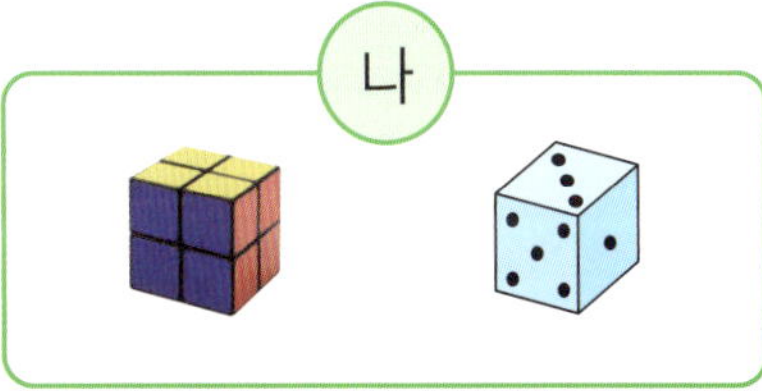

나

(1) 가의 물건은 모서리의 길이가 서로 (같으, 다르)므로 (직, 정)육면체
입니다.

(2) 나의 물건은 모서리의 길이가 서로 (같으, 다르)므로 (직, 정)육면체
입니다.

3 

직육면체와 정육면체에 대해 잘못 설명한 사람은 누구일까?

(   )

개념 스토리 2 · 직육면체의 성질 (1)

• 직육면체에서 서로 마주 보고 있는 면의 관계

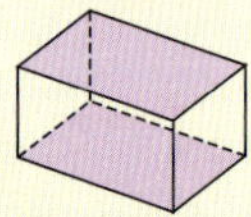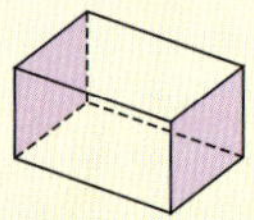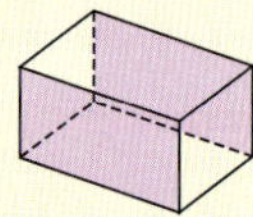

⇨ 직육면체에서 서로 마주 보고 있는 면은 서로 평행합니다.

4 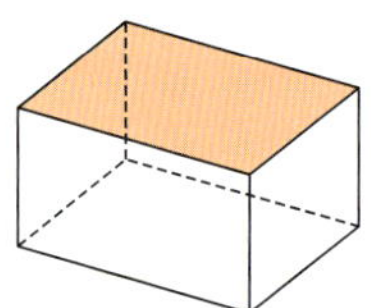　　**5** 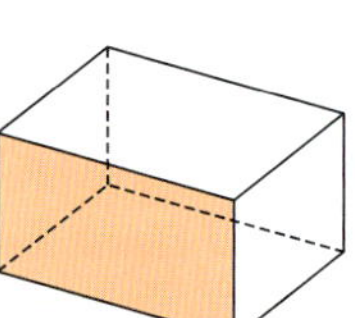　　**6** 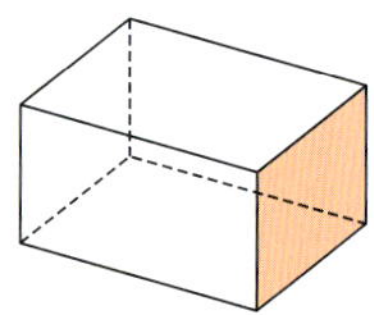

7

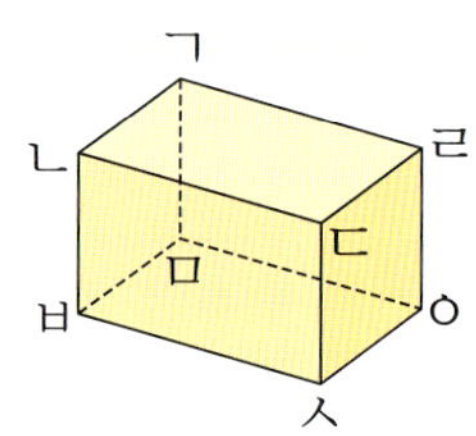

면 ㄱㄴㄷㄹ과 면 [   ]

면 ㄱㅁㅇㄹ과 면 [   ]

면 ㄷㅅㅇㄹ과 면 [   ]

 개념 스토리 3 직육면체의 성질 ⑵

- 직육면체에서 서로 만나는 면 사이의 관계

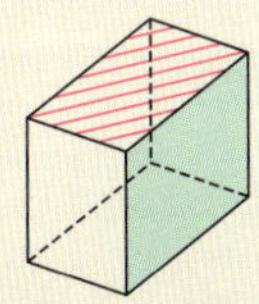 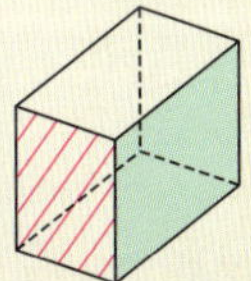 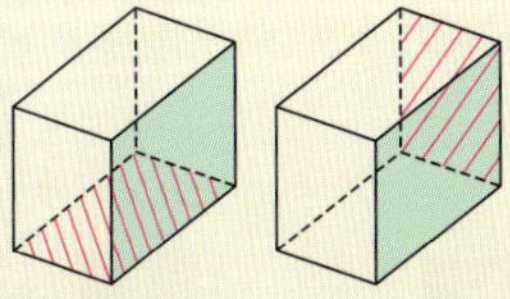 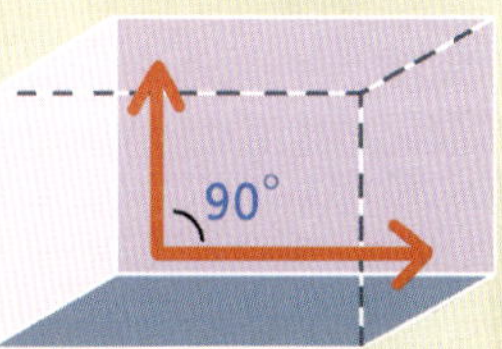

➡ 서로 만나는 면은 수직입니다.

- 한 꼭짓점에서 만나는 면은 모두 3개입니다.
- 한 꼭짓점을 중심으로 만나는 면은 모두 수직으로 만납니다. 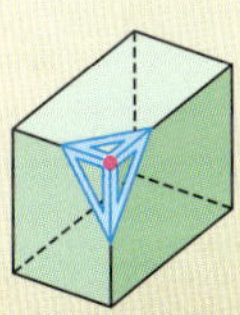

오른쪽 직육면체의 색칠한 면을 <u>잘못</u> 말한 사람은 누구인지 써 봐! 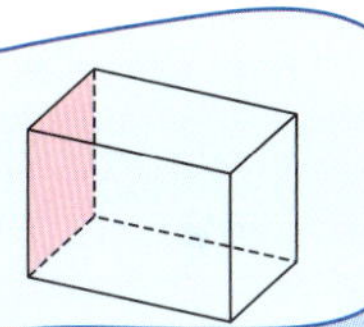

(   )

개념 스토리 4 직육면체의 겨냥도

• 직육면체의 **겨냥도** : 직육면체의 모양을 잘 알 수 있도록 하기 위하여 보이는 모서리는 실선으로, 보이지 않는 모서리는 점선으로 그린 그림

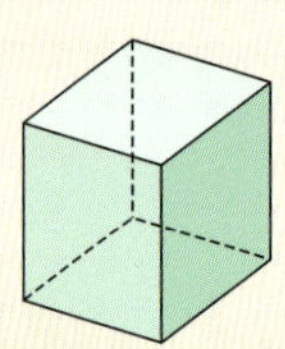

9

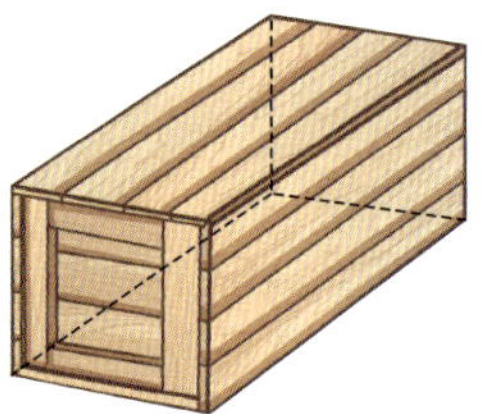

직육면체의 (   )

10

(   )

초선이가 말한 방법 대로 직육면체의 겨냥도를 완성해 봐.

11

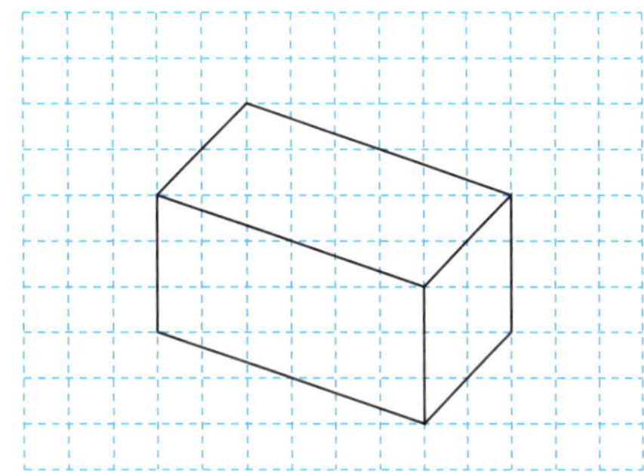

도해와 초선이가 그린 겨냥도 중에서 바르게 그린 것을 찾아 ◯표 해 봐.

12

 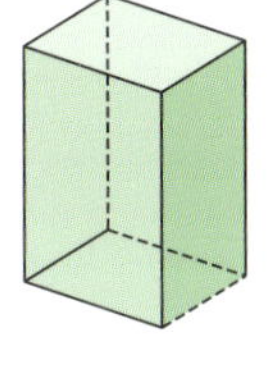

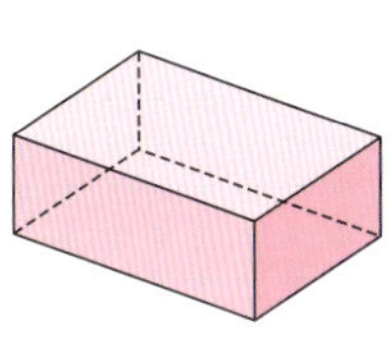 

도해   초선

(   )   (   )

왼쪽 겨냥도를 <u>잘못</u> 그린 이유를 바르게 말한 사람은 누구인지 이름을 써 봐.

13

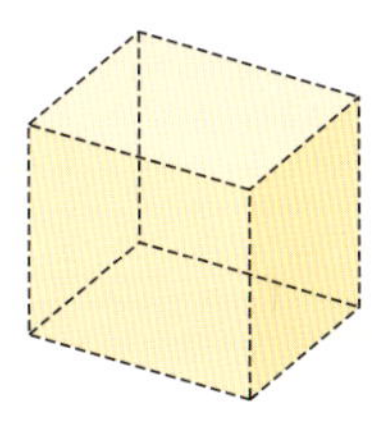

(   )

💻 개념 스토리 5 직육면체의 전개도

• 직육면체의 전개도 : 직육면체의 모서리를 잘라서 펼쳐 놓은 그림

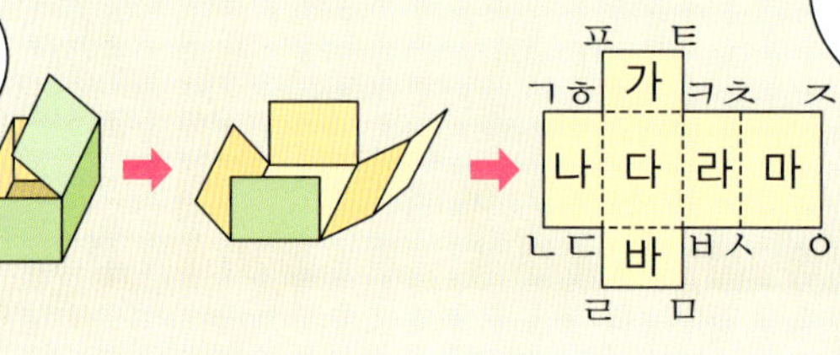

• 전개도를 접었을 때

(1) 점 ㄱ과 만나는 점 : 점 ㅈ, 점 ㅍ

(2) 선분 ㄱㄴ과 만나는 선분 : 선분 ㅈㅇ

(3) 면 다와 평행한 면 : 면 마

(4) 면 가와 수직인 면 : 면 나, 면 다, 면 라, 면 마

14 전개도를 접었을 때 점 ㄹ과 만나는 점

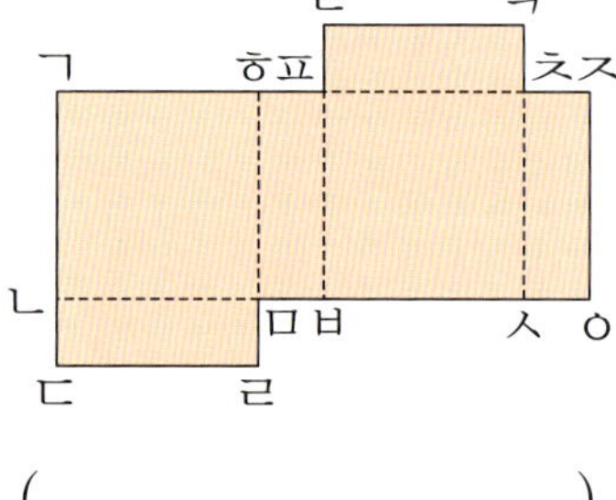

(   )

15 전개도를 접었을 때 선분 ㄱㅎ과 만나는 선분

(   )

16 
정육면체의 전개도를 찾아 기호를 써 봐.

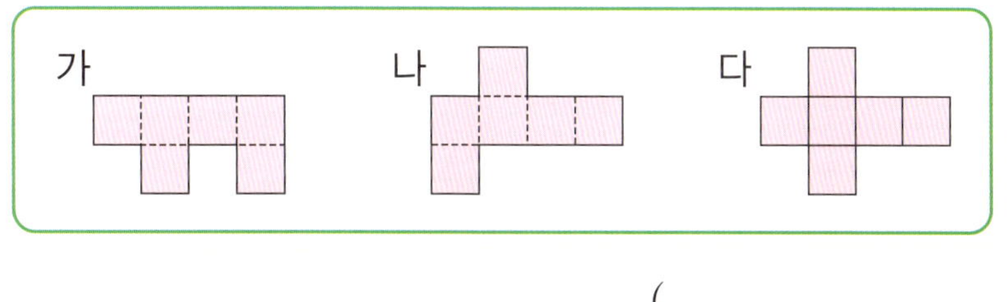

(   )

17 
직육면체와 직육면체의 전개도를 보고 □ 안에 알맞은 수를 써넣어 봐.

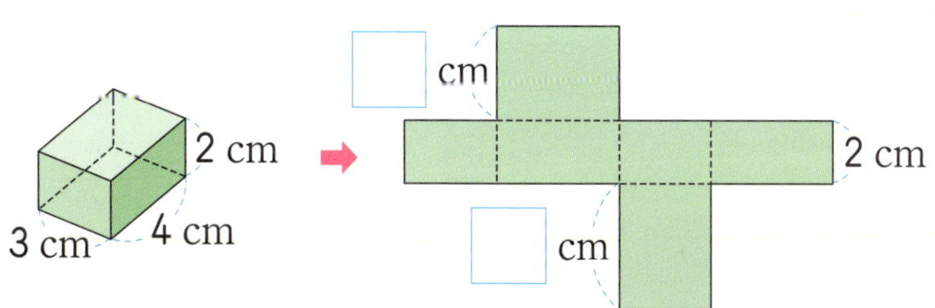

18 
다음 직육면체의 전개도를 완성해 봐.

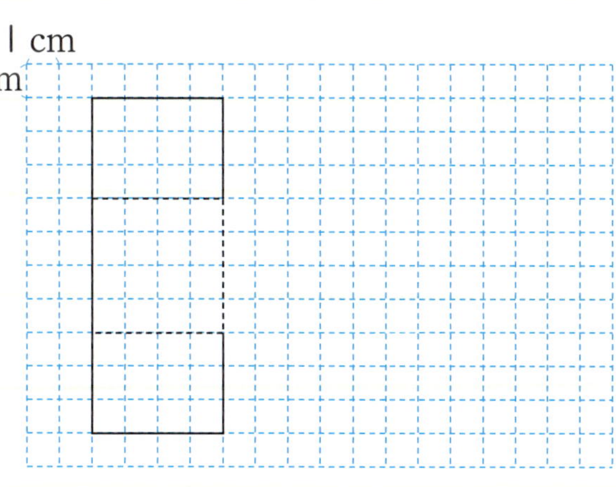

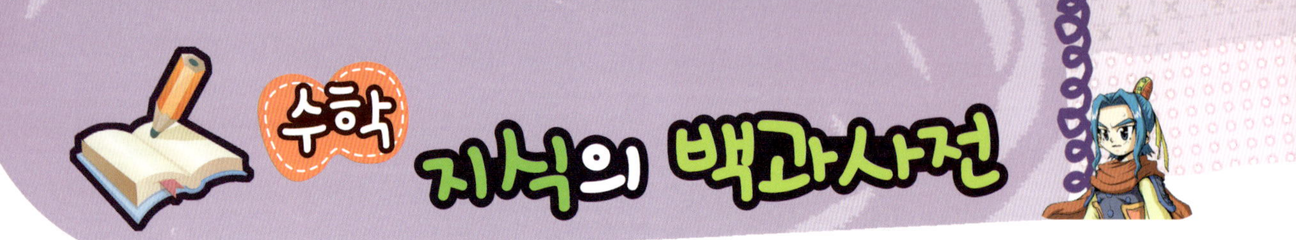

• 주사위는 언제부터 사용되었을까?

인류 역사에 언제 주사위가 처음 등장했는지 확실하지는 않지만, 이집트에서는 지금으로부터 약 3000년 전에 상아나 동물의 뼈로 만든 주사위가 있었다고 해요. 그 당시 주사위는 지금의 주사위처럼 정육면체 모양이 아니고 정사면체(면이 4개인 입체도형)에 가까운 모양을 하고 있었답니다.

동양에서 주사위가 역사 시대 이전부터 쓰였다는 사실은 고대 묘의 발굴을 통해 증명되었고, 따라서 주사위의 기원은 아시아인 것으로 추정됩니다. '주사위는 던져졌다!'라는 말을 들어본 적 있지요? 이 말은 기원전 49년에 율리우스 카이사르가 이렇게 선언하고 루비콘 강을 건너 로마로 진격했다는 이야기가 전해 내려오고 있는 것이랍니다.

1. 정육면체 모양의 주사위에는 길이가 같은 모서리가 모두 몇 개 있습니까?

• 건물을 지을 때 사용하는 벽돌은 왜 직육면체 모양일까?

집이나 건물을 지을 때, 직육면체 모양의 벽돌을 사용하는 것을 많이 보았지요?

건축에 사용하는 벽돌은 왜 직육면체 모양일까요?

직육면체 모양의 벽돌을 가로로 납작하게 놓아서 집이나 건물을 지으면 지붕이 아래쪽으로 떨어지려는 힘(하중)을 벽돌들이 옆으로 전달해 준답니다.

그래서 집이나 건물이 쓰러지지 않고 안정성을 유지하며 서 있는 데 도움이 되는 것이지요.

Quiz

2. 오른쪽 직육면체 모양의 벽돌에서 서로 평행한 면은 모두 몇 쌍입니까?

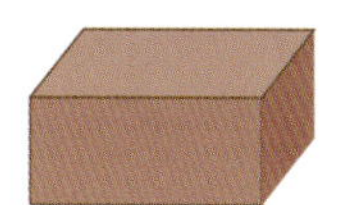

• 어느 길이 가장 짧은 길일까?

정육면체 모양의 상자가 있어요.
엄마 달팽이가 이 상자의 가 지점에서 나 지점까지 가야 아기 달팽이를
만날 수 있답니다. 엄마 달팽이가 가 지점을 출발하여
아기 달팽이가 있는 나 지점까지
가장 빠른 길로 가려면 어떻게
가야 할까요?

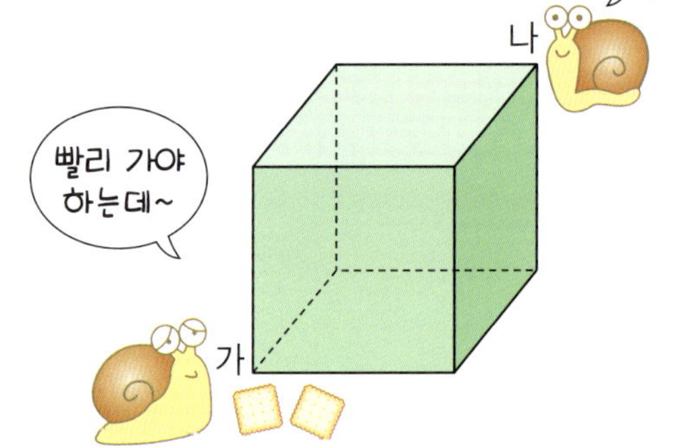

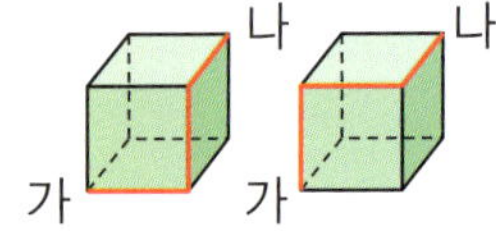

모서리를 따라 가는 방법

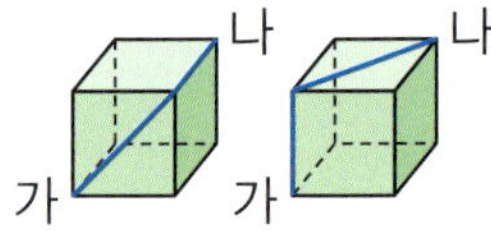

한 면은 대각선, 한 면은
모서리를 따라가는 방법

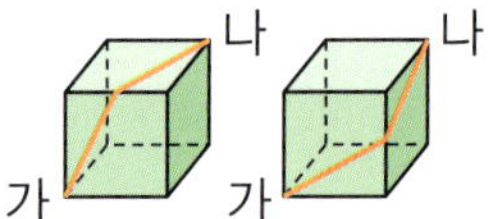

두 면을 모두 가로 질러
가는 방법

위의 3가지 경우 중에서 어느 방법으로 가는 길이 가장 빠른 길인지 전개도에 길을 나타내어
알아 보아요.
전개도에서의 나 지점은 가 지점에서 2개의 면을 지나는 대각선 방향에 위치하지요.
가 지점을 출발해서 나 지점까지 가는 3가지 경우를 전개도에
나타내어 보면, 두 면의 대각선을 가로질러 가는 주황색
길의 길이가 가장 짧은 것을 알 수 있어요.

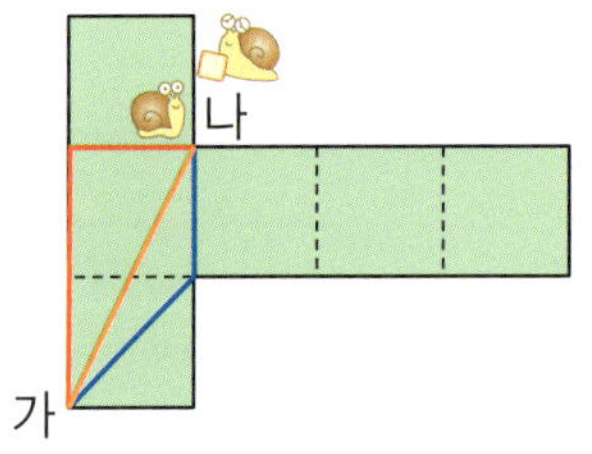

정답과 풀이

1화 개념 체크   46~47쪽

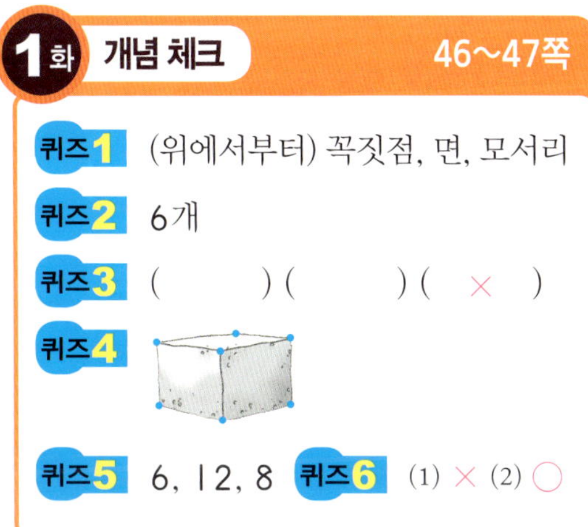

퀴즈 1 (위에서부터) 꼭짓점, 면, 모서리

퀴즈 2 6개

퀴즈 3 (   ) (   ) (×)

퀴즈 4

퀴즈 5 6, 12, 8   **퀴즈 6** (1) × (2) ○

퀴즈 1

선분으로 둘러싸인 부분을 면, 면과 면이 만나는 선분을 모서리, 모서리와 모서리가 만나는 점을 꼭짓점이라고 합니다.

퀴즈 5

정육면체의 면은 6개, 모서리는 12개, 꼭짓점은 8개입니다.

퀴즈 6

(1) 면이 모두 정사각형인 것은 정육면체입니다.

2화 개념 체크   84~85쪽

퀴즈 1 도해   **퀴즈 2** 면 ㅁㅂㅅㅇ

퀴즈 3 3쌍   **퀴즈 4** (   ) (○)

퀴즈 5 4개

퀴즈 6 ㄱㄴㄷㄹ, ㄴㅂㅅㄷ, ㅁㅂㅅㅇ, ㄱㅁㅇㄹ

퀴즈 1

직육면체에서 서로 마주 보는 면은 평행합니다.

퀴즈 3

정육면체에서 서로 마주 보는 면은 모두 3쌍이므로 서로 평행한 면은 모두 3쌍입니다.

퀴즈 4

직육면체에서 서로 만나는 면은 수직입니다.

퀴즈 5

직육면체에서 한 면과 수직인 면은 4개입니다.

퀴즈 6

정육면체에서 색칠한 면인 면 ㄴㅂㅁㄱ과 만나는 면을 모두 찾습니다.

3화 개념 체크   130~131쪽

퀴즈 1 겨냥도   **퀴즈 2** 실선에 ○표

퀴즈 3 (   ) (○)

퀴즈 4 전개도

퀴즈 5 3쌍   **퀴즈 6** ⑥

퀴즈 1

직육면체의 겨냥도 : 직육면체의 모양을 잘 알 수 있도록 하기 위하여 보이는 모서리는 실선으로, 보이지 않는 모서리는 점선으로 그린 그림.

퀴즈 5

서로 평행한 면이 3쌍이므로 모양과 크기가 같은 직사각형은 모두 3쌍입니다.

퀴즈 6

전개도를 접으면 다음과 같습니다.

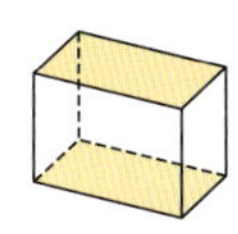 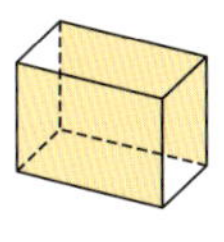 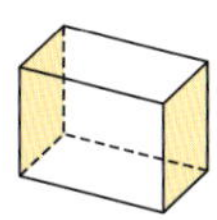

스토리텔링 문제 132~139쪽

1 ㉡, ㉢, ㉠
2 (1) 다르, 직에 ○표 (2) 같으, 정에 ○표
3 관우
4 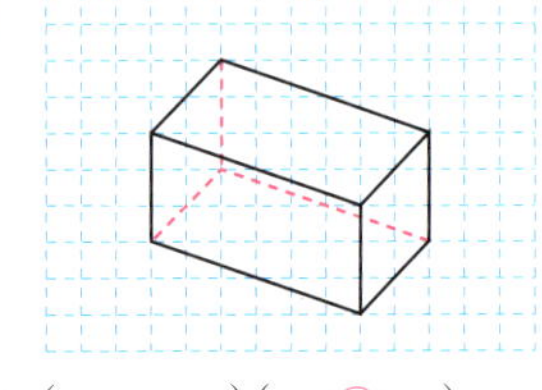 **5**
6
7 ㅁㅂㅅㅇ, ㄴㅂㅅㄷ, ㄴㅂㅁㄱ
8 조자룡
9 겨냥도   **10** 3개
11 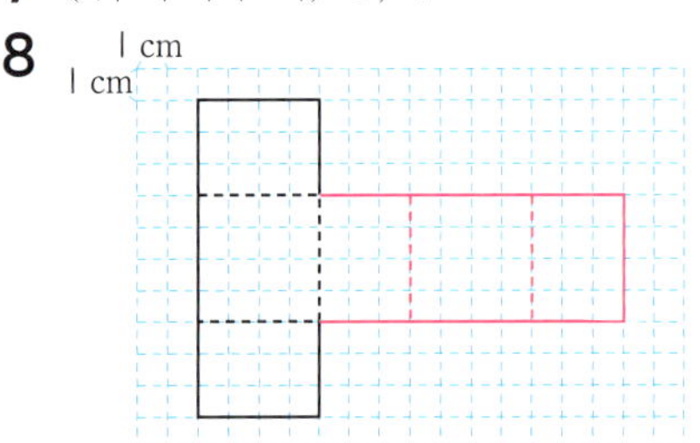
12 (   )(○)
13 치우   **14** 점 ㅂ
15 선분 ㅋㅌ   **16** 나
17 (위에서부터) 3, 4
18

---

1 • 면 : 선분으로 둘러싸인 부분
  • 모서리 : 면과 면이 만나는 선분
  • 꼭짓점 : 모서리와 모서리가 만나는 점

2 정육면체는 모서리의 길이가 서로 같습니다.

3 정육면체는 직육면체라고 할 수 있지만 직육면체는 정육면체라고 할 수 없습니다.

⇨ 직육면체와 정육면체에 대해 잘못 설명한 사람은 관우입니다.

7 서로 마주 보는 면은 서로 평행합니다.

8 색칠한 면과 만나는 면은 마주 보는 면을 제외한 모든 면이므로 모두 4개이고, 색칠한 면과 만나는 면은 수직입니다.

9 직육면체의 모양을 잘 알 수 있도록 하기 위하여 보이는 모서리는 실선으로, 보이지 않는 모서리는 점선으로 그린 그림을 직육면체의 겨냥도라고 합니다.

10 직육면체 모양의 벽돌에서 보이는 모서리는 9개, 보이지 않는 모서리는 3개입니다.

12 도해가 그린 겨냥도는 보이는 모서리 중 1개를 점선으로, 보이지 않는 모서리 중 1개를 실선으로 그렸습니다.

15 만들어지는 직육면체에서 점 ㄱ과 점 ㅎ이 각각 만나는 점을 찾습니다.

16 가 : 겹치는 면이 있습니다.
  다 : 잘리지 않는 모서리를 점선으로 나타내지 않았습니다.

18 마주 보는 면의 모양과 크기가 같게, 접었을 때 만나는 모서리의 길이가 같게, 겹치는 면이 없게 그립니다.

수학 지식의 백과사전 140~141쪽

1 12개
2 3쌍

---

1 정육면체는 모든 모서리의 길이가 같습니다.

2 직육면체에서 서로 마주 보는 면은 모두 3쌍이므로 서로 평행한 면도 3쌍입니다.